用焖烧罐轻松做辅食

50道美味又营养的宝宝食谱

致！美好生活促进会 著

南海出版公司

目　录

自序：新手爸妈们的好帮手　6

焖烧罐使用指南　8

准备工作 Q&A　11

制作本书辅食的注意事项　14

开始下厨前必要的简易食谱

本书使用的高汤是用焖烧锅制作而成的，可先将焖烧锅内锅在煤气炉上加热，再利用焖烧锅的保温功能持续恒温烹煮，它是炖煮时节能省时的好帮手！

番茄蔬菜高汤　16

大骨高汤　17

白面条制作方法　18

白米粥制作方法　19

汤

宝宝第一个阶段的辅食必须是不含渣的流质。在这一章中，从最简单的清汤到浓汤，再到让宝宝练习咀嚼的汤，都介绍了详细的制作方法。

叶菜汤　23

新经典文化股份有限公司
www.readinglife.com
出　品

南瓜汤 25
红薯浓汤 27
木耳浓汤 29
味噌汤 31
苋菜魩仔鱼汤 33
干贝丝瓜汤 35
黄瓜肉片汤 37
罗宋汤 39

2 Chapter 食物泥与配菜

食物泥是宝宝慢慢接受固体食物的第一步。在这一阶段，爸妈们要根据宝宝的咀嚼能力来决定食物的稀稠程度；而后的配菜是为宝宝会用牙床咬食物时准备的。这时，宝宝会自己用手拿食物吃了，因此食物不能太过软烂。同时，他们也开始对单一的食物失去兴趣，可以制作一些简单的酱料让宝宝搭配着吃。

蛋黄泥 43
菜花泥 45
土豆泥 47
红薯泥 49
胡萝卜泥 51
卷心菜豆腐泥 53
猪肝泥 55
鸡肉泥 57

综合泥：胡萝卜鸡肉泥 59
综合泥：菠菜牛肉泥 61
奶香西蓝花 63
香菇烩豆腐 65
苹果小黄瓜沙拉 67
蛋黄酱佐芦笋 69
蒜香四季豆 71
金枪鱼土豆 73
菠菜酱佐胡萝卜 75
竹笋沙拉 77
番茄酱佐秋葵 79
玉米笋炒香菇 81

03 Chapter

主食

从第一道流质辅食米汤开始，很多宝宝在 1 岁之后可以吃的东西越来越多，咀嚼能力也已经发育成熟了，有些宝宝甚至可以吃米饭。但即便如此，餐厅的食物往往还是太咸或太过油腻，本章提供了一些带着 1 岁多的宝宝外出就餐时，可以轻松准备的清淡健康主食。

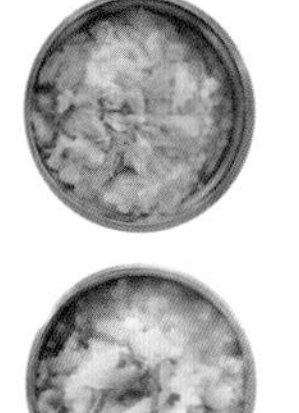

米汤 85
牛油果奶酪粥 87
毛豆仁稀饭 89
奶香鲑鱼烩饭 91

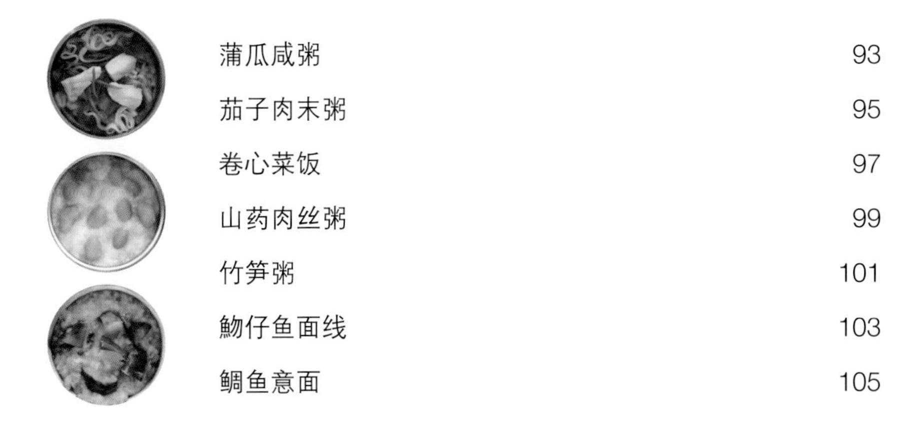

蒲瓜咸粥 93

茄子肉末粥 95

卷心菜饭 97

山药肉丝粥 99

竹笋粥 101

魩仔鱼面线 103

鲷鱼意面 105

4 Chapter

饮料与点心

市售的甜点或饮料大都含有较多的添加剂，甜度也高，并不适合宝宝的口味，也不利于宝宝健康。避免太多的市售饼干和糖果是养成宝宝良好饮食习惯的基础。在这一章中，有最简单的水果茶饮，也有夏天的冰凉甜点，当然也有适合冬天吃的温热甜点，爸妈们可以自己调整甜度。

西洋梨茶 109

苹果茶 111

阳桃汤 113

红薯牛奶 115

菠萝苹果茶 117

香蕉米布丁 119

葡萄干燕麦粥 121

枇杷银耳汤 123

奶香茶冻 125

紫米牛奶粥 127

自序

新手爸妈们的好帮手

在这本书里，我们将为大家详细介绍焖烧罐的强大功能——制作辅食。

眼见身边越来越多的朋友怀孕生子，我们发现焖烧罐对家有0～2岁小朋友的家庭很实用。尤其是外出旅行时，爸妈们时常要大包小包带着为孩子们准备的食物。之前公司旅游，也曾看到同事四处询问哪里有热水，哪里有可以简单做饭的厨具。当时不禁想，只要有焖烧罐，就会方便很多。只要有焖烧罐，就不用那么辛苦了。

所以，我们策划了这本书，希望可以一解新手爸妈的烦恼。

在研究辅食的过程中，我们体会到了爸妈们的辛苦，要考虑孩

子的咀嚼能力、是否食物过敏，还要兼顾营养、健康和美味，比平日料理自己的饮食还要辛苦很多倍！在提出初步食谱时，我们咨询团队中的妈妈成员才知道，原来小宝宝要单一食品试 3 次以上确定不会过敏后，才可以慢慢添加其他食物。为了让孩子们吃得开心，我们也寻找了很多替代的调味料，比如代替淀粉的米粉，代替蛋黄酱和千岛酱的蘸酱，让小朋友在吃蔬菜的过程中觉得更有乐趣。

有了美好的一餐，才会有美好的一天！真诚地希望各位新手爸妈喜欢我们这次的辅食菜谱，说真的，这些美味，有些也很适合大人吃。

焖烧罐使用指南

焖烧罐虽然方便，但使用之前，要好好做功课了解焖烧罐的特性，才能大大增加成功概率。然后就会发现，那些导致失败的问题其实很容易解决！

焖烧罐构造

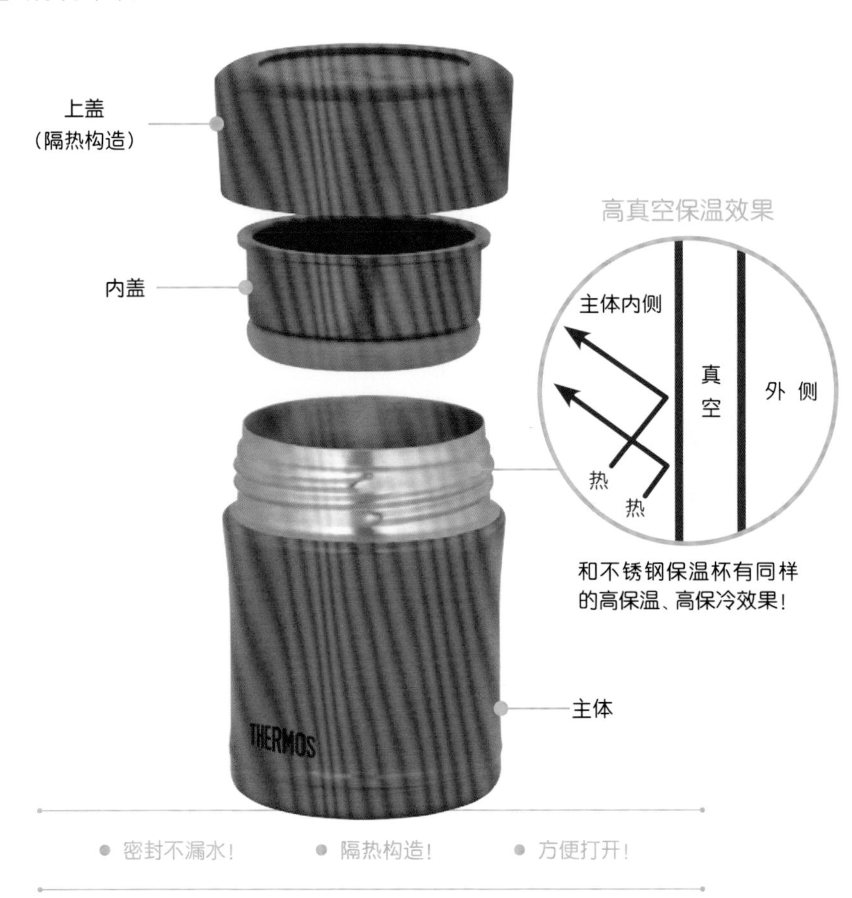

- 密封不漏水！
- 隔热构造！
- 方便打开！

使用规则

食物、饮品最多可盛装的位置如图所示。请勿过量，以避免旋紧上盖时，内部盛装物溢出而导致烫伤。

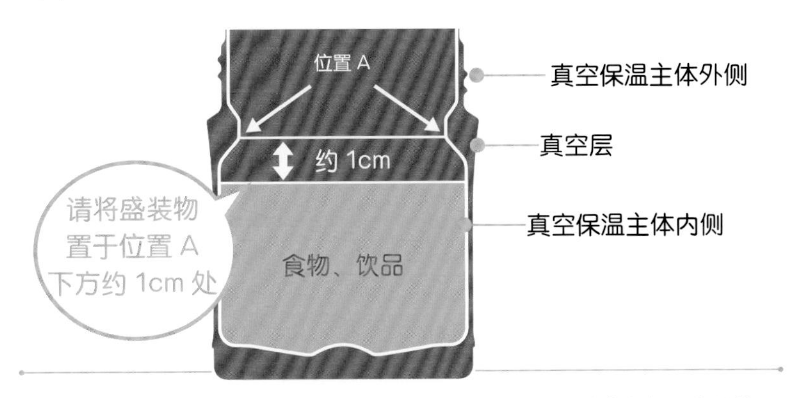

使用小贴士

为了达到最佳保温（保冷）效果，使用前请先加入少量热水（冰水），预热（预冷）1 分钟后倒出，再重新注入热水（冰水），即可加强保温（保冷）效果。

使用步骤

1. 放料：放入食材和沸水。
2. 预热：充分摇匀，使热气充满罐中（预热做法）。
3. 滤水：打开上盖，将热水滤出。
4. 焖烧：倒入约八分满沸水，旋紧上盖开始焖烧。
5. 静置：静置焖烧，待烹调时间结束即完成。

焖烧小贴士

- 焖烧食物使用的水须为 100℃的沸水。
- 所有食材（如鸡蛋）请务必解冻且最好恢复到室温，避免食材温度过低，不易焖熟。
- 预热时，请让食材与沸水在罐中同时预热，热水滤出后，再重新加入沸水至八分满后旋紧上盖，以避免后来加入食材降低焖烧罐中的温度，而使食材不易焖熟。

注意事项

1. 乳制品不宜在焖烧罐中放置太久，否则可能会腐坏，建议先经过“烹煮”（比如浓汤），但也须尽快食用完毕。
2. 避免柠檬汁、酸梅汁等酸性饮品，以防影响焖烧罐保温功能。
3. 避免盛放干冰、碳酸饮料，以防内压上升，导致上盖无法开启，或盛装物喷出、上盖损坏等危险。
4. 避免盛装易腐败的生食，以防食物变质，造成身体不适。
5. 若盛装含盐分的食物和汤品，须尽快食用完毕，焖烧罐不是收纳盒，未吃完的东西要取出放在冰箱保存。

NG！千万要避免的错误做法

1. **请勿将焖烧罐放入烤箱、微波炉、洗碗机等电器中使用**
   焖烧罐为金属材质器皿，若放入烤箱、微波炉中会产生火花，可能造成危险。
2. **请勿把焖烧罐置于高温热源旁**
   以免导致变形、变色、烤漆脱落。
3. **请勿将各配件置于沸水中煮沸**
   以免高温而造成各配件变形，导致渗漏、污染等情况发生。
4. **避免掉落、碰撞或强烈撞击**
   碰撞可能会导致产品变形、损坏，影响其保温功能。
5. **请勿使用稀释剂、挥发油、金属刷、研磨粉等清洗焖烧罐**
   可能会擦伤罐体、出现生锈等问题。
6. **请勿使用漂白剂清洗真空保温主体或主体外侧**
   可能会影响保温、保冷功能或导致烤漆、印刷图案脱落。
7. **清洗时，请勿将焖烧罐整体浸泡于水中**
   水分若渗入金属、塑料的接缝处，可能会导致生锈或影响保温、保冷功能。
8. **请勿将热食盛装于焖烧罐过久**
   尽量于6小时内食用完毕，以防发生食物变质。

准备工作 Q & A

了解了焖烧罐之后，接下来是使用焖烧罐前准备工作的问与答。读完之后，就可以开始下厨了。

Q：焖烧罐料理需要准备哪些工具呢？

A： 本书使用到的工具有焖烧罐、食物压模器、食物料理棒（食物研磨器）、榨汁器、刨丝刀、食物剪，当然还有适合宝宝的餐具。在为宝宝制作食物泥时，食物料理棒或料理机是非常好的工具，但对于带着宝宝外出的爸妈们来说，携带不便，因此建议除了电动料理器外，还可以准备简易的食物研磨碗，方便外出或旅游时使用。

Q：我的焖烧罐尺寸跟食谱中的不一样可以用吗？

A： 本书会注明合适的尺寸，你可以按照比例增减，不过建议以食谱上的尺寸烹调为佳。若是小尺寸又怕烹煮时间太久或者制作失败，可以将食材煮沸后，再放入焖烧罐焖煮（放置的比例及烹煮的时间可参阅第 19 页白米粥的制作方法）

300ml

500ml

720ml

3.0L

本书食谱所用的焖烧罐尺寸

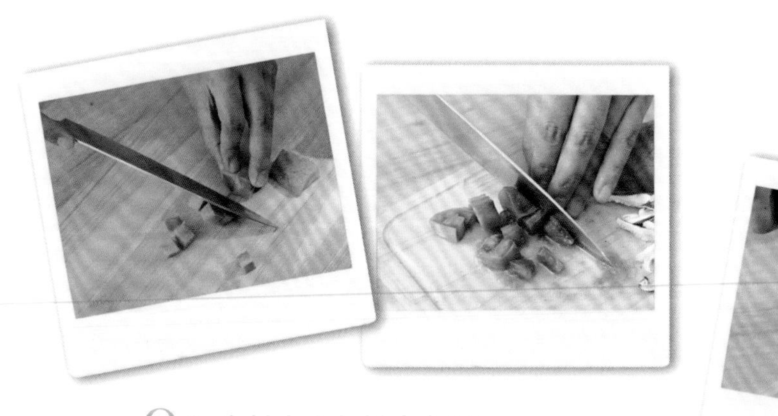

Q：食材大小怎样才合适呢？

A： 轻、薄、短、小是大原则，食物尽量切小丁（2cm 最佳）、剪成 3～5cm 的细条；面条长度控制在 7cm 左右，这样才能方便导热。

Q：建议购买哪些厨房常备品呢？

A： 本书以辅食为主，建议在宝宝开始吃辅食之后，除了白米、面条、面线等必备主食之外，也储备一些干货，如干贝、香菇、银耳、金针菇、紫米、小米等。在市场买菜时，可尽量选购易保存的蔬菜水果：如胡萝卜、红薯、南瓜、山药、卷心菜、苹果、梨……常备在厨房或冰箱，随时可用。做辅食之前，一定要注意食材是否过期或变质。

Q：焖不熟该怎么办呢？

5

A： 相信这是大家都很担心的问题。切记，不要因为担心就中途打开查看。焖烧罐是运用保温导热的原理来烹煮，打开之后热量会流失，降低温度，散热十分快。烹饪不像数学题有着精准不变的解答，会因为食材的状况和食物的分量大小有所差异，熟悉之后就会清楚如何使用。

Q：焖烧罐的分量比较小，食材用不完怎么办？

6

A： 宝宝在吃食物泥的阶段，建议同样的食材让宝宝连续食用 3 次以上，并且可事先平均分好每次食用的分量，除了可以确定宝宝是否对该食物过敏外，也不用担心食材用不完。宝宝较大时，有些食材其实并不需要特别准备，大人吃什么，宝宝可以跟着一起吃，只要在烹煮大人食物前，先为宝宝预留一小部分以便烹制清淡菜肴，这样一来，就可以恰当地把握食材的用量。

Q：书中常出现的“预热”，作用是什么呢？预热完毕后的食物要一起倒出来吗？

A： 预热是为了让焖烧罐随时保持在 100℃好烹煮食物，烹饪步骤比较复杂时，通常会将食物先行预热，步骤一般根据食物的易熟度递减。预热后食物留在罐内，再增加其他食材一起预热即可。

Q：为什么有时候焖烧罐会打不开呢？

8

A： 打不开往往是因为罐内外温差的关系。早期的焖烧罐没有设计内盖，可能会出现这种情况，如遇此问题，在外盖冲冷水，稍微擦拭后打开即可。

制作本书辅食的注意事项

1. 制作宝宝的食物，卫生绝对是第一考虑。焖烧罐无法像奶瓶一样用沸水煮或消毒锅消毒，因此在使用前，建议预热空罐一分钟后再预热其他食材、进行焖煮。宝宝再大一点，爸妈们可以自行决定是否省略空罐预热的步骤。

2. 至于是否以煮沸的高汤来焖煮食物，爸妈们可根据宝宝对高汤的主要食材是否过敏或不适来决定，改用沸水焖煮也可以。

3. 建议宝宝的饮食以清淡为主，而且许多食物不需要特别调味也可以很美味。因此，本书大多数食谱并无特别调味或加盐，爸妈们可自行决定是否添加。

4. 宝宝吃辅食应从完全流质状的汤水循序渐进到软烂的食物泥，再由用牙床压碎食物至长牙后的咀嚼等。每个宝宝每个阶段开始的时间、咀嚼能力的发展，以及练习自己用手拿取食物的情况都不一样。本书的建议食用年龄仅供大家参考，请按宝宝实际进度调整。

5. 宝宝的食量各不相同，建议根据宝宝的胃口增减分量。

开始下厨前
必要的简易食谱

本书使用的高汤

是用焖烧锅制作而成的，

可先将焖烧锅内锅

在煤气炉上加热，

再利用焖烧锅的保温功能

持续恒温烹煮，

它是炖煮时节能省时的好帮手！

番茄
蔬菜高汤

3.0L

番茄经烹煮后更营养，再加上几种新鲜蔬菜一并烹煮而成的蔬菜高汤，味道清爽甘甜，适合制作各种宝宝辅食。

材料

番茄	2～3个	洋葱	1大颗
胡萝卜	1根	土豆	1～2个

做法

1. 番茄洗净，底部以刀轻划十字。
2. 胡萝卜、土豆洗净削皮切大块。
3. 洋葱洗净对切。
4. 将所有材料置入锅内，再加水至八分满。
5. 煮沸后转中小火续煮约15分钟。
6. 将内锅移入外锅，盖上盖，焖约3个小时即可。

Tips

1. 若喜欢浓浓的番茄香味，可将番茄切块再入锅。
2. 高汤完成后不要急着丢弃蔬菜，可将焖软的蔬菜制成宝宝的食物泥。

大骨高汤

3.0L

大骨含丰富的钙质，而且烹煮简单，是爸妈们制作宝宝辅食时不可或缺的好食材。

材料

大骨　　1 根（剁成小段）

做法

1. 将大骨洗净放入内锅，加水至五分满，煮沸后将水倒掉。
2. 略清洗大骨上的血水。
3. 再加水至内锅八分满，煮沸后转中小火续煮约 20 分钟。
4. 将内锅移入外锅，盖上盖，焖 4 ~ 5 小时即可。

白面条制作方法

做法

1. 将面条剪断，放至焖烧罐五到七分满的高度。

2. 注入热水加至八分满，略搅拌后旋紧盖子，焖煮 7 ~ 15 分钟。

Tips

面条要用市售的干面条，不宜用拉面，烹煮时间请参考封底包装，再增加 2 ~ 3 分钟为标准。

白米粥制作方法

Tips

1. 米洗净后略静置 20 分钟左右，可让粥更美味。

2. 如果要焖白米饭，则应增加米的分量，例如：容量 500ml 的焖烧罐要制作白米饭，米需增加到 2/3 杯。但由于焖烧罐的特性，白米饭吃起来口感会比较像炖饭。

＊本书中 1 杯米的容量为 180ml。

容量	米量和所需时间
720ml	1/2 杯米 1 小时
500ml	1/3 杯米 1.5 小时
300ml	1/3 杯米 3 小时

做法

1. 将米洗净备用。

2. 预热焖烧罐，加入米，预热 30 秒，将水倒出。

3. 注入沸水至八分满，略搅拌，根据焖烧罐容量焖煮相应的时间即可。

Chapter 1

汤

宝宝第一个阶段的辅食必须是不含渣的流质。

在这一章中，从最简单的清汤到浓汤，

再到让宝宝练习咀嚼的汤，

都介绍了详细的制作方法。

Hello Kitty
Hello Kitty

叶菜汤

500ml

建议食用阶段：4 ~ 6 个月

绿叶菜含有丰富的膳食纤维等营养，为避免孩子排斥绿叶菜的味道，从小养成良好的饮食习惯，可从简单的菜汤开始，让宝宝适应并接受绿叶菜。

材料

油麦菜　80g

做法

1. 油麦菜洗净，剪成小段。
2. 预热空罐 1 分钟，将水倒出。
3. 二次预热：加入油麦菜，预热 15 秒，将水倒出。
4. 注入热水至盖过青菜约 2cm，略搅拌后焖煮 30 分钟，即可将汤汁滤出，放凉后食用。

Tips

1. 可依当季食材，改为莴苣、菠菜、空心菜、苋菜等。
2. 宝宝 7 个月左右开始吃软烂食物后，可将菜汤及焖熟的绿叶菜一并磨成泥或以食物料理棒打成泥糊状给宝宝吃。
3. 宝宝 9 个月后会用牙床压碎食物，可根据宝宝咀嚼能力用食物剪将绿叶菜剪碎至适合宝宝食用的大小，让宝宝与菜汤一起食用，或者用适当汤汁将绿叶菜打成叶菜泥或浓汤。

THERMOS

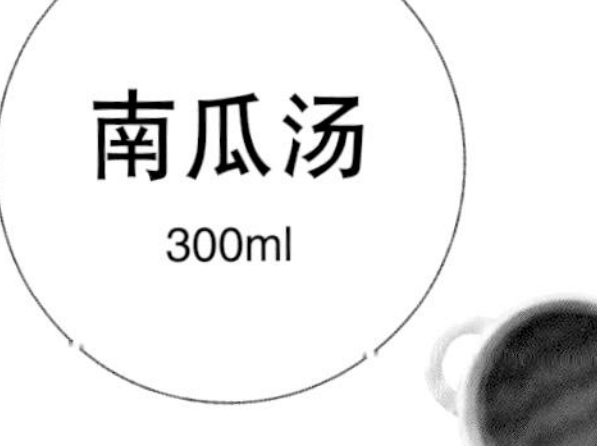

南瓜汤

300ml

建议食用阶段：4 ~ 6 个月

南瓜的营养价值高，味道香甜，对初尝辅食的宝宝来说，是一道接受度相当高的汤。

材料

南瓜　　约 100g

做法

1. 南瓜洗净去籽后，连皮切成小块。
2. 预热空罐 1 分钟，将水倒出。
3. 二次预热：加入南瓜，预热 30 秒，将水倒出。
4. 注入沸水至七分满，略搅拌后焖煮 60 分钟，即可将汤汁滤出，放凉后食用。

Tips

1. 除了南瓜，红薯、胡萝卜等根茎类蔬菜都可做成这道简单的汤，让宝宝尝试不同的食物风味。
2. 宝宝 7 个月学会吃软烂食物后，可根据宝宝咀嚼能力将南瓜去皮切成丁，让宝宝连汤带瓜一起食用，也可将南瓜与汤汁一起打成浓汤。
3. 宝宝 6 个月之后，可用蔬菜高汤替代沸水焖煮。

Hello Kitty
Hello Kitty

红薯浓汤

300ml

红薯的膳食纤维含量非常丰富，味道香甜。它价格便宜且很容易买到，只要加上几样简单食材就可完成一道适合宝宝的浓汤。

材料

大骨高汤　　土豆　30g

红薯　60g　　洋葱　10g

做法

1. 将红薯和土豆洗净去皮，与洋葱一并切成小丁。
2. 预热空罐1分钟，将水倒出。
3. 二次预热：加入红薯、土豆和洋葱丁，预热30秒，将水倒出。
4. 注入高汤至八分满，略搅拌后焖煮60分钟。
5. 倒出所有食材与汤汁后，用食物料理棒打至泥状即可食用。

Tips

1. 焖煮给宝宝吃的根茎类食物以新鲜为要，不太新鲜的根茎类食材或冷藏过头的食物需要更长的焖煮时间，可能会影响食物的软烂程度。
2. 食用前也可加少许宝宝配方奶，增添不同风味。

木耳浓汤

300ml

建议食用阶段：7～9个月

宝宝开始吃辅食时最常遇到的问题是便秘，这让不少爸妈头痛不已。除了多补充水分之外，木耳浓汤也是一个不错的选择，因为木耳含有丰富的膳食纤维。

材料

蔬菜高汤

木耳　　50g

洋葱　　10g

做法

1. 将木耳和洋葱洗净后切成小丁。
2. 预热空罐 1 分钟，将水倒出。
3. 二次预热：加入木耳、洋葱丁，预热 30 秒，将水倒出。
4. 注入高汤至八分满，略搅拌后焖煮 60 分钟。
5. 倒出所有食材与汤汁后，用食物料理棒打至泥状即可食用。

Tips

宝宝 1 岁以后，舌头和嘴唇活动较灵活，且咀嚼能力增强，爸妈们可视宝宝的咀嚼能力慢慢减少使用食物料理棒，渐渐增加原汤的分量。

Hello Kitty
Hello Kitty
Hello Kitty
Hello Kitty
SANRIO CO., LTD.

味噌汤

300ml

建议食用阶段：9 个月以上

味噌的主要原料是黄豆。这道汤营养丰富，做法简单，轻轻松松就能端上桌，适合忙碌的爸妈们。

材料

蔬菜高汤		海带芽（干）	2g
豆腐	1/4 块	低盐味噌	适量

做法

1. 先将豆腐切成小丁。
2. 预热空罐 1 分钟，将水倒出。
3. 二次预热：加入豆腐、海带芽，预热 30 秒，将水倒出。
4. 注入高汤至八分满，加入味噌略搅拌后，焖煮 30 分钟即可食用。

Tips

若无低盐味噌，也可以用一般味噌代替，但需特别注意分量，不宜过多。

For You
THERMOS

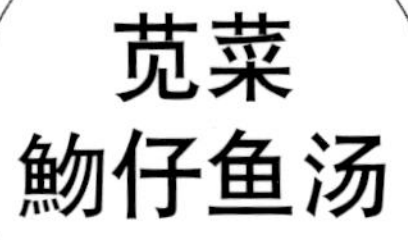

苋菜
魩仔鱼汤

500ml

建议食用阶段：9 ~ 11 个月

魩仔鱼[1]所含的钙等营养素含量很高，是宝宝少不了的辅食之一。魩仔鱼和苋菜的搭配含钙丰富，非常适合宝宝。

材料

大骨高汤

苋菜　　70g

魩仔鱼　10g

做法

1. 魩仔鱼洗净，苋菜洗净切成小段备用。
2. 预热空罐 1 分钟，将水倒出。
3. 二次预热：加入苋菜、魩仔鱼，预热 30 秒，将水倒出。
4. 注入高汤至八分满，略搅拌后焖煮 30 分钟即可食用。

Tips

建议挑选苋菜的叶子和嫩梗，方便宝宝食用。

①魩仔鱼，一般由鳀科、鲱科鱼类的仔稚鱼组成。

干贝丝瓜汤

300ml

建议食用阶段：9 ～ 11 个月

丝瓜是夏天的应季蔬菜，非常适合消暑。除了常见的蛤蜊丝瓜这一做法，丝瓜配上一点点干贝丝，也可做成一道味道鲜美的汤。

材料

大骨高汤

丝瓜　100g

干贝　1 ～ 2 颗

嫩姜　2 小片

做法

1. 干贝泡水约 8 小时,泡开后剥成细丝。
2. 丝瓜去皮，切成小丁备用。
3. 预热空罐 1 分钟，将水倒出。
4. 二次预热：加入丝瓜丁、泡开的干贝丝和嫩姜片，预热 30 秒，将水倒出。
5. 注入高汤至八分满，略搅拌后焖煮 60 分钟即可食用。

Tips

有些宝宝对干贝过敏，建议一开始少量添加，无过敏反应后再增加分量，或者用干香菇代替干贝。

黄瓜肉片汤

500ml

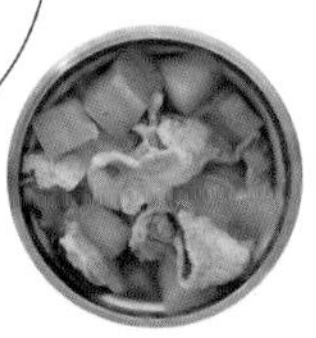

建议食用阶段：11 个月以上

黄瓜肉质脆嫩，煮熟后的口感也非常适合正在学习咀嚼的宝宝。黄瓜具有美容的功效，也很适合妈妈。

材料

蔬菜高汤

黄瓜　120g（或约 1/4 条）

猪肉　30g

做法

1. 先将黄瓜削皮去籽，切丁备用。
2. 猪肉切成小片。
3. 预热空罐 1 分钟，将水倒出。
4. 二次预热：加入黄瓜丁，预热 1 分钟，将水倒出。
5. 三次预热：加入猪肉片，预热 10 秒，将水倒出。
6. 注入高汤至八分满，略搅拌后焖煮 40 分钟即可食用。

Tips

建议尽量挑选较嫩的肉，并根据宝宝的情况切成适当大小，方便宝宝咀嚼。

罗宋汤

500ml

建议食用阶段：1 岁 3 个月以上

番茄的营养价值很高，煮过后更利于营养吸收。牛肉和洋葱所含的营养也不输给番茄。如果要为宝宝的菜谱打分，这道兼具蔬菜膳食纤维和蛋白质的汤，绝对营养满分。

材料

大骨高汤		洋葱	15g
小番茄	10 个	牛肉（雪花牛肉）	70g
胡萝卜	50g		

做法

1. 胡萝卜和洋葱洗净切成丁备用。
2. 牛肉切成小块。
3. 先用刀在小番茄底部轻划十字。
4. 预热焖烧罐：加入小番茄，预热 20 秒，将水倒出。
5. 将预热过后的小番茄去皮后再放回罐内。
6. 二次预热：加入胡萝卜丁、洋葱丁和牛肉块，预热 30 秒，将水倒出。
7. 注入高汤至八分满，略搅拌后焖煮 120 分钟即可食用。

Tips

牛肉尽可能切成小块，以便焖得软烂方便宝宝咀嚼。

Chapter 2

食物泥与配菜

食物泥是宝宝慢慢接受固体食物的第一步。

在这一阶段，爸妈们要根据宝宝的咀嚼能力来决定食物的稀稠程度；

而后的配菜是为宝宝会用牙床咬食物时准备的。

这时，宝宝会自己用手拿食物吃了，因此食物不能太过软烂。

同时，他们也开始对单一的食物失去兴趣，

可以制作一些简单的酱料让宝宝搭配着吃。

FLYER
Hello Kitty
Hello Kitty
© 1976, 2016 SANRIO CO., LTD.

蛋黄泥

300ml

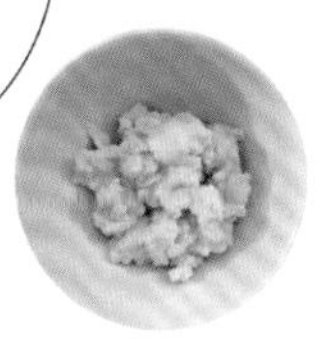

建议食用阶段：7～9个月

蛋黄的营养对宝宝来说不言而喻，而且可搭配多种宝宝辅食，因此蛋黄泥是宝宝必不可少的食物泥。

材料

鸡蛋　1个

做法

1. 预热焖烧罐：加入鸡蛋，预热1分钟，将水倒出。
2. 注入沸水至八分满，焖50分钟。
3. 取出鸡蛋，冲冷水后剥壳并取出蛋黄。
4. 将蛋黄捣成泥，并根据宝宝的咀嚼能力加入适量的水，拌匀后即可食用。

Tips

1. 需使用室温下的鸡蛋焖煮。如果使用冷藏鸡蛋，需待鸡蛋恢复至常温才可进行焖煮。
2. 预热时要避免热水直接浇在鸡蛋上或过度摇晃焖烧罐，以免鸡蛋壳在预热过程中破损。
3. 少数宝宝可能对蛋黄过敏，对未吃过蛋黄的宝宝，建议先少量喂食，再渐渐增加分量。

菜花泥

300ml

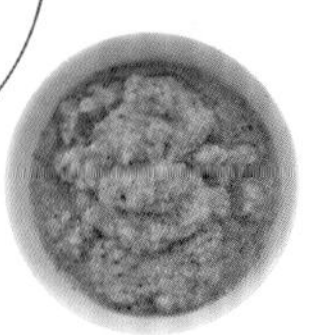

建议食用阶段：7 ～ 9 个月

菜花属于十字花科，除了有抗氧化功效外，还含有丰富的膳食纤维和维生素，是大人孩子都非常喜欢的蔬菜。

材料

西蓝花　20g（约 2 小朵）

菜花　20g（约 2 小朵）

做法

1. 菜花、西蓝花洗净备用。
2. 预热空罐 1 分钟，将水倒出。
3. 二次预热：加入所有材料，预热 30 秒，将水倒出。
4. 注入沸水至八分满，略搅拌后焖煮 40 分钟。
5. 取出菜花、西蓝花，根据宝宝的咀嚼能力，加入适量汤汁后，用食物料理棒打至泥状即可食用。

Tips

若无食物料理棒也可用研磨碗（器）将食物磨成泥。

THERMOS

土豆泥

300ml

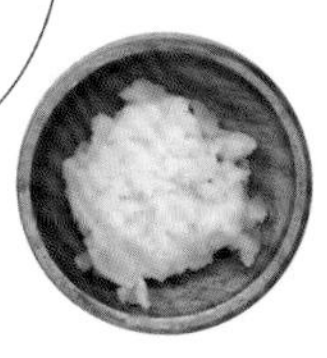

建议食用阶段：7 ~ 9 个月

土豆的营养价值非常高，在法国还有“地下苹果”(pommes de terre) 的美誉。它富含碳水化合物，是许多西方人的主食之一，当然也是宝宝食物泥不可或缺的食材。

材料

土豆　　70g

做法

1. 土豆洗净切成小丁备用。
2. 预热空罐 1 分钟，将水倒出。
3. 二次预热：加入土豆丁，预热 5 分钟，将水倒出。
4. 注入沸水至八分满，略搅拌后焖煮 50 分钟。
5. 取出土豆，根据宝宝的咀嚼能力，加入适量汤汁后，用食物料理棒打至泥状即可食用。

Tips

1. 土豆一旦发芽就会产生毒素，一定要用新鲜的土豆焖煮。
2. 土豆用刨丝刀刨成细丝，可缩短焖煮时间至 40 分钟，焖熟后用汤匙压成泥即可。

Hello Kitty
Hello Kitty

红薯泥

300ml

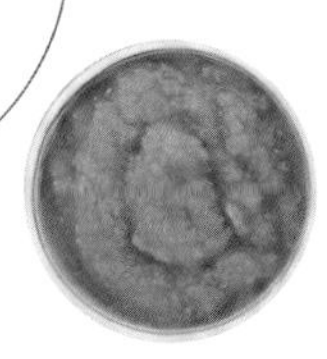

建议食用阶段：7 ~ 9 个月

红薯曾是吃不起白米饭的穷人家的主食，直到近年来，它的营养价值才一再被证实。它富含膳食纤维，不仅适合减肥的大人，也很适合宝宝。

材料

红薯　70g

做法

1. 红薯洗净切成小丁备用。
2. 预热空罐 1 分钟，将水倒出。
3. 二次预热：加入红薯丁，预热 5 分钟，将水倒出。
4. 注入沸水至八分满，略搅拌后焖煮 50 分钟。
5. 取出红薯，根据宝宝的咀嚼能力，加入适量汤汁后，用食物料理棒打至泥状即可食用。

Tips

有些红薯口感较厚实，需注意多加水分，以避免宝宝吞咽困难。

Hello Kitty
Hello Kitty
THERMOS

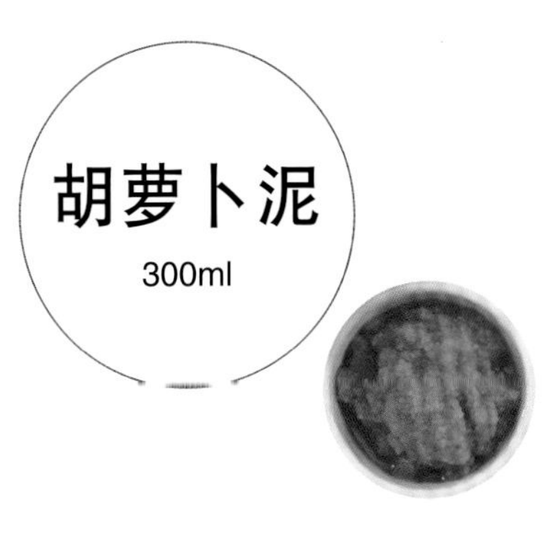

胡萝卜泥

300ml

建议食用阶段：7 ~ 9 个月

胡萝卜含有大量的胡萝卜素，是营养价值很高的蔬菜，但也是许多孩子讨厌的蔬菜之一。爸妈们可从少量的胡萝卜泥开始，循序渐进让宝宝尝试，以避免宝宝日后挑食。

材料

胡萝卜　　60g

做法

1. 胡萝卜洗净切小丁备用。
2. 预热空罐 1 分钟，将水倒出。
3. 二次预热：加入胡萝卜丁，预热 1 分钟，将水倒出。
4. 注入沸水至八分满，略搅拌后焖煮 60 分钟。
5. 取出胡萝卜，根据宝宝的咀嚼能力，加入适量汤汁后，用食物料理棒打至泥状即可食用。

Tips

胡萝卜也可用刨丝刀刨成细丝，方便焖软。

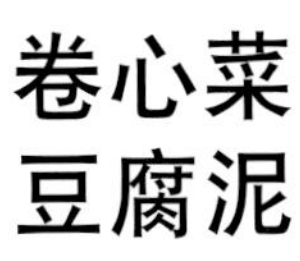

卷心菜豆腐泥

300ml

豆腐口感滑嫩，含有丰富的蛋白质，营养也容易被人体吸收，再加上富含膳食纤维的卷心菜，就成了一道健康的宝宝餐点。

材料

卷心菜　40g

豆腐　1/4块

做法

1. 卷心菜洗净切丝或小片，豆腐切成小块备用。
2. 预热空罐1分钟，将水倒出。
3. 二次预热：加入卷心菜与豆腐，预热30秒，将水倒出。
4. 注入沸水至八分满，略搅拌后焖煮30分钟。
5. 取出卷心菜与豆腐，根据宝宝的咀嚼能力，加入适量汤汁后，用食物料理棒打至泥状即可食用。

Tips

豆腐属易胀气食物，建议确定宝宝吃过豆腐泥无不适症状后，再搭配蔬菜制成食物泥。

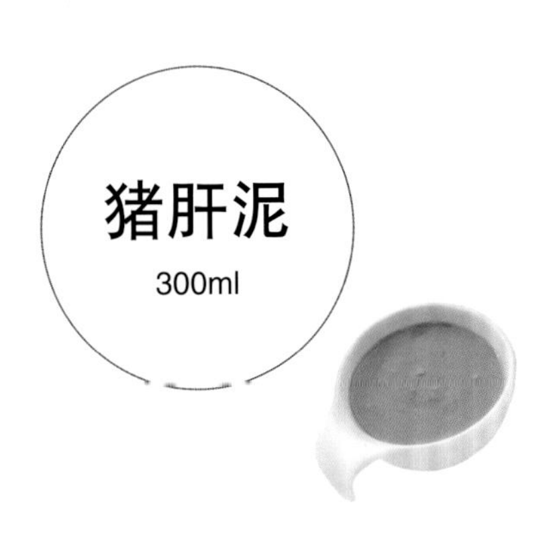

猪肝泥

300ml

建议食用阶段：7 ~ 9 个月

猪肝是深受大家喜爱的养生食物之一，其所含的铁与蛋白质可为宝宝提供营养来源。

材料

猪肝　　60g

宝宝米粉　　适量

做法

1. 猪肝洗净、去筋膜后切成小块。
2. 预热空罐 1 分钟，将水倒出。
3. 二次预热：加入猪肝块，预热 1 分钟，将水倒出。
4. 注入沸水至八分满，略搅拌后焖煮 60 分钟。
5. 取出猪肝，根据宝宝的咀嚼能力，加入适量汤汁和宝宝米粉后，用食物料理棒打至泥状即可食用。

Tips

若无宝宝米粉，也可以用适量米粥代替，丰富猪肝口感。

EAGLE
RACCOON
FURSEAL
RAT
Hello Kitty
Hello Kitty
Hello Kitty

鸡肉泥

300ml

建议食用阶段：7 ~ 9 个月

鸡肉的口感较猪肉细一些，尤其是鸡胸肉，更适合做宝宝的第一道肉泥。

材料

鸡胸肉　　70g

做法

1. 鸡胸肉洗净后切成小块。
2. 预热空罐 1 分钟，将水倒出。
3. 二次预热：加入鸡肉块，预热 1 分钟，将水倒出。
4. 注入沸水至八分满，略搅拌后焖煮 60 分钟。
5. 取出鸡肉，剥成鸡肉丝，同时将鸡肉内可能含的碎骨和薄膜去除。
6. 根据宝宝的咀嚼能力，加入适量汤汁用食物料理棒打至泥状即可食用。

Tips

爸妈们也可视宝宝的情况加入适量米粉或粥汤让宝宝更好嚼食。

Hello Kitty
Hello Kitty
THERMOS

综合泥：胡萝卜鸡肉泥

300ml

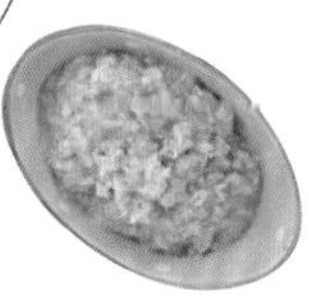

建议食用阶段：7 ～ 9 个月

宝宝试过单一品种的食物泥之后，就可以尝试不同食材搭配的食物泥。胡萝卜颜色鲜亮，无论搭配哪种食材，都能为食物添加色彩。

材料

胡萝卜　40g

鸡胸肉　40g

做法

1. 鸡胸肉和胡萝卜洗净后切成小块。
2. 预热空罐 1 分钟，将水倒出。
3. 二次预热：加入鸡肉与胡萝卜块，预热 1 分钟，将水倒出。
4. 注入沸水至八分满，略搅拌后焖煮 60 分钟。
5. 取出鸡肉，剥成鸡肉丝，同时除去鸡肉内可能含的碎骨和薄膜。
6. 根据宝宝的咀嚼能力，将鸡肉丝与胡萝卜加入适量汤汁，用食物料理棒打至泥状即可食用。

Tips

鸡胸肉若确定不含碎骨和薄膜，也可省去剥成鸡肉丝的步骤，一并与胡萝卜打成泥。

综合泥：菠菜牛肉泥

500ml

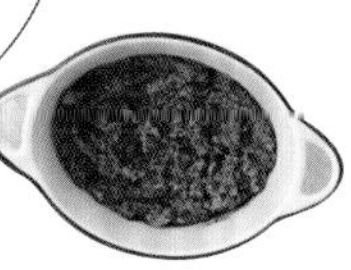

建议食用阶段：7 ~ 9 个月

除了胡萝卜，绿色蔬菜颜色鲜艳，也是搭配肉品的不错选择。除了菠菜，还可以变换不同的蔬菜肉泥，让宝宝营养更全面。

材料

菠菜　70g

牛肉　50g

做法

1. 菠菜洗净后与牛肉切成小块备用。
2. 预热空罐 1 分钟，将水倒出。
3. 二次预热：加入菠菜与牛肉块，预热 30 秒钟，将水倒出。
4. 注入沸水至八分满，略搅拌后焖煮 60 分钟。
5. 滤出菠菜与牛肉，根据宝宝的咀嚼能力，加入适量汤汁用食物料理棒打至泥状即可食用。

Tips

建议用宝宝单独食用过的肉品来搭配。

MILK

奶香西蓝花

300ml

建议食用阶段：7 ~ 9 个月

宝宝吃辅食一段时间后，会尝试自己拿取食物。只要食物煮得够软烂，爸妈们不妨放手让宝宝探索自己吃饭的乐趣，西蓝花即可列入宝宝这个阶段的选择。

材料

西蓝花	约 5 ~ 6 朵
宝宝米粉	适量
宝宝配方奶 / 母乳	适量

酱料做法

将适量配方奶或母乳加入宝宝米粉中，调成白酱备用。

做法

1. 西蓝花洗净，将较硬的梗剪去后备用。
2. 预热空罐 1 分钟，将水倒出。
3. 二次预热：加入西蓝花，预热 30 秒钟，将水倒出。
4. 注入沸水至八分满，略搅拌后焖煮 50 分钟。
5. 滤出西蓝花后淋上白酱即可食用。

Tips

若宝宝的咀嚼能力较佳，也可缩短焖煮时间至 30 ~ 40 分钟。

Hello Kitty
Hello Kitty
THERMOS

香菇
烩豆腐

300ml

建议食用阶段：9 个月以上

宝宝吃腻单一食物时，即可开始搭配不同食材。从两种开始循序渐进，增加宝宝吃饭的乐趣，让他们探索不同食物搭配的口感和风味。

材料

大骨高汤	
新鲜香菇	3 ～ 5 小朵
豆腐	1/4 块
宝宝米粉	适量

做法

1. 香菇洗净去梗后与豆腐一起切小丁备用。
2. 预热空罐 1 分钟，将水倒出。
3. 二次预热：加入香菇丁，预热 10 分钟，将水倒出。
4. 三次预热：加入豆腐丁，预热 30 秒钟，将水倒出。
5. 注入高汤至八分满，略搅拌后焖煮 20 分钟。
6. 加入适量宝宝米粉，将汤汁调成勾芡状即可食用。

Tips

多数宝宝在满 1 岁前已经开始练习用牙床咀嚼食物。但还是需要根据宝宝的咀嚼能力，将香菇切成适当的丁状，方便宝宝练习咀嚼。

苹果小黄瓜沙拉

300ml

建议食用阶段：1 岁以上

小黄瓜口感清脆，所以许多宝宝长牙后都非常喜欢吃。再搭配上口感酸甜的苹果和橙酱，宝宝也能在炎炎夏日享用清爽又健康的小菜。

材料

苹果	1/4 颗	柳橙	1 颗
小黄瓜	约 2/3 条	米粉	适量

酱料做法

柳橙洗净后榨汁，拌入适量米粉做成橙酱备用。

做法

1. 小黄瓜洗净切适当大小（大小不宜超过 4cm），苹果去皮切丁略泡盐水备用。
2. 预热空罐 1 分钟，将水倒出。
3. 二次预热：加入小黄瓜和苹果块，预热 10 秒钟，将水倒出。
4. 注入沸水至八分满，略搅拌后焖煮 5 分钟，将水倒出。
5. 将苹果和小黄瓜置入冰水中冰镇后，即可拌上橙酱食用。

Tips

太脆的口感可能不适合还在学习咀嚼的宝宝，但过度焖煮小黄瓜可能会影响口感和色泽，建议视宝宝的情况决定是否延长焖煮时间。

蛋黄酱佐芦笋

300ml

建议食用阶段：10 ~ 12 个月

芦笋只要切成适当长度，并焖煮到软硬适中，也是一道非常适合宝宝的手指食物。

材料

芦笋　60g　　鸡蛋　1 个

酸奶　适量

酱料做法

1. 预热焖烧罐：加入鸡蛋，预热 1 分钟，将水倒出。
2. 注入沸水至八分满，焖 50 分钟。
3. 将鸡蛋取出，冲冷水后剥壳并取出蛋黄，将蛋黄捣成泥。
4. 将蛋黄泥加上适量酸奶拌成蛋黄酱。

做法

1. 将芦笋洗净并去除根部老硬的部分，切成小段备用。
2. 预热空罐 1 分钟，将水倒出。
3. 二次预热：加入芦笋，预热 10 秒钟，将水倒出。
4. 注入沸水至八分满，略搅拌后焖煮 15 分钟，将水倒出。
5. 将芦笋拌上蛋黄酱或让宝宝蘸着酱汁食用。

Tips

1. 若是较粗的芦笋，需加长焖煮时间至 20 ~ 30 分钟。
2. 芦笋可能会因为焖煮时间过长而影响色泽，爸妈们可根据宝宝的咀嚼能力缩短焖煮时间，避免太过软烂而降低宝宝食用芦笋的兴趣。
3. 此酱料主要是以酸奶调拌而成，宝宝若对酸奶过敏或肠胃不适，可用宝宝配方奶或母乳代替。

Have a nice day

蒜香四季豆

300ml

建议食用阶段：1 岁以上

四季豆味道爽口，加上蒜头一起焖煮后，更令人食指大动。就算带着宝宝外出就餐，爸妈们也能轻松为宝宝上这道好菜。

材料

四季豆　50g（5 ~ 6 根）

蒜头　2 瓣

橄榄油　少许

做法

1. 四季豆去除蒂头、剥丝后，洗净切成小段备用。
2. 蒜头去膜拍扁备用。
3. 预热空罐 1 分钟，将水倒出。
4. 二次预热：加入四季豆和蒜头，预热 10 秒钟，将水倒出。
5. 注入沸水至八分满，略搅拌后焖煮 15 分钟，将水倒出。
6. 倒入少许橄榄油至罐内，旋紧上盖，摇匀后静置约 5 分钟，剔除蒜头后即可食用。

Tips

1. 蒜头主要是增加四季豆的香味，为方便宝宝食用前剔除，拍扁即可，无须拍碎。
2. 每个宝宝长牙的时间不一，若 1 岁后宝宝的长牙速度较慢，咀嚼能力仍较弱，可加长焖煮时间并切成约 2cm 小段，方便宝宝食用。

SINGLE MALTS
THERMOS
Biting at it is
pleasant
we want to
make jam
from the fruits
TIGER

金枪鱼土豆

300ml

建议食用阶段：10 ~ 12 个月

金枪鱼是非常受欢迎的海鲜，且富含宝宝需要的钙和DHA，有助于牙齿、骨骼及大脑发育，好吃又营养。

材料

大骨高汤

土豆　60g

水煮金枪鱼　1 汤匙

胡萝卜　10g

鸡蛋　1 个

做法

1. 预热焖烧罐：加入鸡蛋，预热 1 分钟，将水倒出。
2. 注入沸水至八分满，焖 50 分钟。
3. 将鸡蛋取出，冲冷水后剥壳并取出蛋黄，并将蛋黄捣碎备用。
4. 土豆与胡萝卜削皮后切成小丁备用。
5. 预热焖烧罐：加入土豆、胡萝卜和金枪鱼，预热 1 分钟，将水倒出。
6. 注入高汤至盖过所有材料约 1.5cm，略搅拌后焖煮 60 分钟。
7 拌入适量蛋黄即可食用。

Tips

1. 土豆可一半切丁，一半刨成丝一起焖煮，增添不同的口感。
2. 用两个焖烧罐同时焖鸡蛋、土豆等材料，更节省时间。

FIRE

菠菜酱佐胡萝卜

300ml

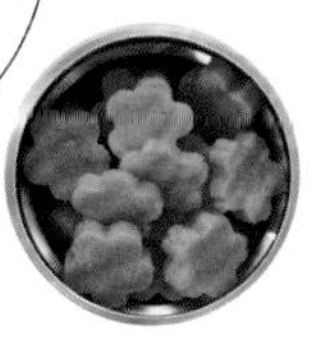

建议食用阶段：10 ~ 12 个月

胡萝卜的好处多多，在宝宝开始练习吃手指食物时，配上一点对比鲜明的绿色蔬菜酱汁，既营养又能增加宝宝对食物的兴趣。

材料

胡萝卜	70g	宝宝米粉	少许
菠菜	50g		

酱料做法

1. 菠菜洗净后备用。
2. 预热空罐 1 分钟，将水倒出。
3. 二次预热：加入菠菜，预热 30 秒钟，将水倒出。
4. 注入沸水至八分满，焖 30 分钟。
5. 滤出菠菜加入少许汤汁，以食物料理棒打至泥状，拌入少许宝宝米粉备用。

做法

1. 胡萝卜洗净切成小片。
2. 预热空罐 1 分钟，将水倒出。
3. 二次预热：加入胡萝卜片，预热 1 分钟，将水倒出。
4. 注入沸水至八分满，略搅拌后焖煮 60 分钟，将水倒出。
5. 取出胡萝卜片，并将胡萝卜片拌上菠菜酱或让宝宝蘸着酱汁食用。

Tips

1. 胡萝卜可用压模器切出各种可爱造型，吸引宝宝注意，增加宝宝自己练习抓取食物的兴趣。
2. 同时使用两个焖烧罐可节省焖煮时间。

THERMOS

竹笋沙拉

300ml

建议食用阶段：1 岁以上

竹笋口感爽脆，味道鲜美，盛产时，是宝宝不可错过的桌上佳肴。市售的沙拉酱不一定适合宝宝，只要用一点简单的食材就能做出香甜的蘸酱。

材料

竹笋	约 120g	米粉	适量
胡萝卜	30g		

酱料做法

1. 胡萝卜洗净切成小丁备用。
2. 预热空罐 1 分钟，将水倒出。
3. 二次预热：加入胡萝卜丁，预热 1 分钟，将水倒出。
4. 注入沸水至八分满，焖 40 分钟。
5. 取出胡萝卜，加入少许汤汁用食物料理棒打至泥状，再拌入米粉即可。

做法

1. 竹笋洗净切成小块备用。
2. 预热空罐 1 分钟，将水倒出。
3. 二次预热：加入竹笋块，预热 10 分钟，将水倒出。
4. 注入沸水至八分满，略搅拌后焖煮 60 分钟，将水倒出。
5. 取出竹笋，用凉开水降温后，即可将竹笋拌上酱汁或让宝宝蘸酱食用。

Tips

1. 每个宝宝长牙的时间不一，若 1 岁后宝宝的长牙速度较慢，咀嚼能力仍较弱，建议加长竹笋焖煮时间并切成适当大小，方便宝宝食用。
2. 同时使用两个焖烧罐可节省焖煮时间。

THERMOS

番茄酱佐秋葵

300ml

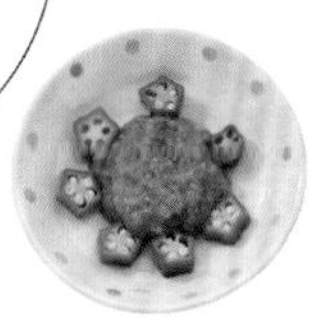

建议食用阶段：10 ~ 12 个月

秋葵的黏液可帮助消化、强健肠胃。它的横切面形状像星星，且煮熟后口感偏软，适合给宝宝做简单辅食。

材料

秋葵	40g（5 ~ 6 支）
小番茄	5 个
宝宝米粉	适量

酱料做法

1. 小番茄洗净，用刀在底部轻划十字。
2. 预热焖烧罐：加入小番茄，预热 30 秒，将水倒出。
3. 小番茄去皮后磨成泥，加少许开水与宝宝米粉拌成番茄酱备用。

做法

1. 秋葵洗净备用。
2. 预热空罐 1 分钟，将水倒出。
3. 二次预热：加入秋葵，预热 1 分钟，将水倒出。
4. 注入沸水至八分满，略搅拌后焖煮 15 分钟，将水倒出。
5. 取出秋葵并切除蒂头，拌上番茄酱或直接拿着秋葵蘸酱汁食用。

Tips

若宝宝自己拿取食物还不太熟练，建议焖熟后切成小段再给宝宝食用。

Hello Kitty
Hello Kitty
THERMOS

玉米笋炒香菇

300ml

建议食用阶段：10 ~ 12 个月

玉米笋口感清脆，许多大人和小孩都喜欢。除了汆汤以外，加入少许健康油与其他蔬菜一起凉拌或热炒也非常美味爽口。

材料

玉米笋	约 6 根
香菇	3 ~ 5 小朵
橄榄油	少许
胡萝卜丝	少许

做法

1. 玉米笋切成小块，香菇和胡萝卜切丝备用。
2. 预热空罐 1 分钟，将水倒出。
3. 二次预热：加入玉米笋、香菇和胡萝卜丝，预热 1 分钟，将水倒出。
4. 注入沸水至八分满，略搅拌后焖煮 40 分钟，将水倒出。
5. 罐内倒入少许橄榄油，旋紧上盖，摇匀后静置约 5 分钟即可食用。

Tips

建议选择本地新鲜玉米笋代替进口玉米笋，口感较鲜甜，更适合宝宝。

Chapter 3

主食

从第一道流质辅食米汤开始，

很多宝宝在 1 岁之后可以吃的东西越来越多，

咀嚼能力也已经发育成熟了，

有些宝宝甚至可以吃米饭。

但即便如此，餐厅的食物往往还是太咸或太过油腻，

本章提供了一些带着 1 岁多的宝宝外出就餐时，

可以轻松准备的清淡健康主食。

THERMOS

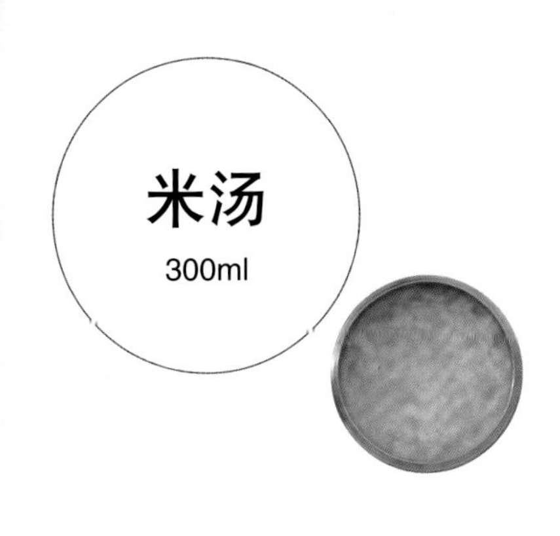

米汤

300ml

建议食用阶段：4～6个月

米饭是我们最重要的主食之一，并且属于低过敏食物，因此这道简单的米汤是许多妈妈给宝宝做的第一道流质辅食。

材料

白米　　1/3 杯

做法

1. 白米洗净。
2. 预热空罐 1 分钟，将水倒出。
3. 二次预热：加入白米，预热 30 秒，将水倒出。
4. 注入沸水至八分满，略搅拌后焖煮 60 分钟，将米汤滤出，放凉后即可食用。

Tips

1. 宝宝 7 个月学会食用软烂食物后，可延长焖煮时间至 90 分钟，并拌成糊状给宝宝食用，并可改用大骨高汤代替沸水。
2. 宝宝 9 个月后会用牙床压碎食物，可根据宝宝的咀嚼能力将水量由八分满递减至六到七分满。时间缩短至 60 分钟，焖成较稠的稀饭给宝宝食用。

Hello Kitty
Hello Kitty

牛油果奶酪粥

500ml

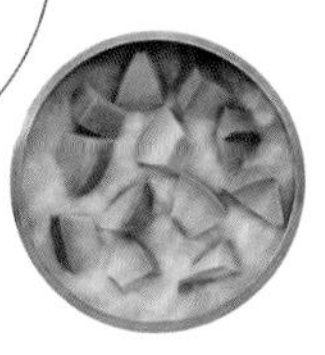

建议食用阶段：1岁以上

牛油果的油脂含量高，主要是单不饱和脂肪，不但不含胆固醇，其他营养成分含量也非常高，特别适合要长肉肉的宝宝食用。

材料

大骨高汤	
白米	1/3 杯
牛油果	2 ~ 3 片
奶酪片	约 1/2 片

做法

1. 白米洗净，牛油果切片或切丁备用。
2. 预热空罐 1 分钟，将水倒出。
3. 二次预热：加入白米，预热 30 秒，将水倒出。
4. 注入高汤至八分满，略搅拌后焖煮 60 分钟。
5. 趁热加入奶酪丝拌匀，再拌入牛油果片或牛油果丁即可食用。

Tips

宝宝若没食用过奶酪，建议先以少量喂食，确定无过敏等不适反应后再调整分量。

毛豆仁稀饭

500ml

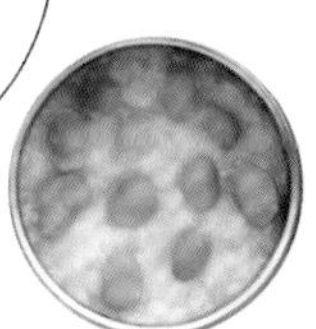

建议食用阶段：1 岁以上

宝宝开始食用辅食后，可渐渐从食物中摄取植物性蛋白，毛豆就是一个很好的选择。

材料

蔬菜高汤

毛豆仁　40g

白米　1/3 杯

做法

1. 白米与毛豆仁洗净备用。
2. 预热空罐 1 分钟，将水倒出。
3. 二次预热：加入白米与毛豆仁，预热 1 分钟，将水倒出。
4. 注入高汤至八分满，略搅拌后焖煮 60 分钟。
5. 取出部分毛豆仁磨成泥，并与剩下的毛豆仁和粥拌匀后即可食用。

Tips

1. 每个宝宝长牙的时间不一，若 1 岁后宝宝的长牙速度较慢，咀嚼能力仍较弱，也可以先用 40 分钟将所有的毛豆仁焖熟，全部磨成泥后再拌入粥中让宝宝食用。
2. 若宝宝食用豆类后容易胀气或有不适，建议视宝宝状况调整毛豆仁分量。

Hello Kitty
Hello Kitty
Hello Kitty

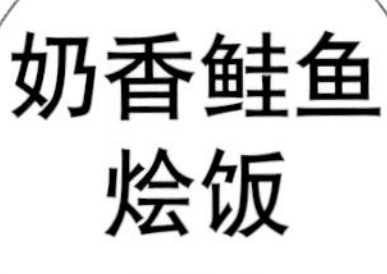

奶香鲑鱼烩饭

500ml

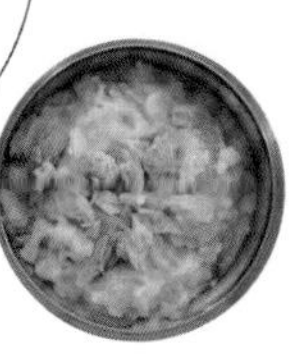

建议食用阶段：1 岁以上

宝宝 1 岁左右，开始吃较软的米饭时，烩饭是一个很好的选择。加点营养丰富的鲑鱼和配方奶，宝宝烩饭即可上桌。

材料

蔬菜高汤	
水煮（熟）鲑鱼	60g
白米	1/2 杯
奶酪片	1 片
宝宝配方奶	适量

做法

1. 白米洗净，鲑鱼剥碎，奶酪切丝或撕小片备用。
2. 预热空罐 1 分钟，将水倒出。
3. 二次预热：加入鲑鱼和白米，预热 1 分钟，将水倒出。
4. 注入高汤至八分满，略搅拌后焖煮 50 分钟。
5. 趁热加入奶酪丝和宝宝配方奶，拌匀后即可食用。

蒲瓜咸粥

500ml

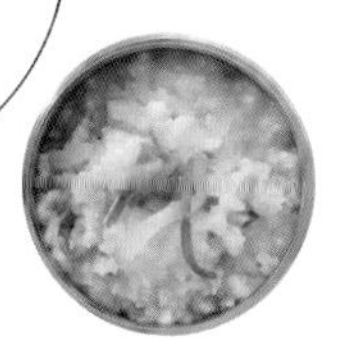

建议食用阶段：1 岁以上

多数瓜果水分充足，营养丰富且价格亲民。炎炎夏日为宝宝消暑解热，味道清甜的蒲瓜就是一个很不错的选择。

材料

大骨高汤

蒲瓜	70g
盐	适量
胡萝卜丝	适量
白米	1/4 杯

做法

1. 白米洗净。
2. 蒲瓜切丝，用适量盐略腌 10 ~ 15 分钟。
3. 预热空罐 1 分钟，将水倒出。
4. 二次预热：加入蒲瓜、胡萝卜丝和白米，预热 30 秒，将水倒出。
5. 注入高汤至八分满，略搅拌后焖煮 60 分钟即可食用。

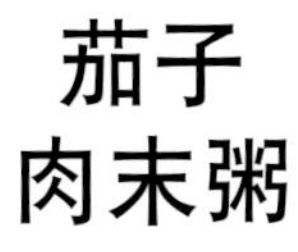

茄子肉末粥

500ml

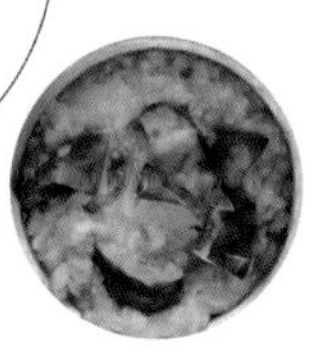

建议食用阶段：1岁以上

茄子除了含膳食纤维，同时富含多种营养素，而且容易煮软，是非常适合宝宝的辅食食材。

材料

大骨高汤		白米	1/4 杯
茄子	70g	酱油	少许
绞肉	50g		

做法

1. 绞肉用酱油略腌 10 分钟。
2. 茄子洗净切成小丁，白米洗净备用。
3. 预热空罐 1 分钟，将水倒出。
4. 二次预热：加入绞肉与茄子，预热 30 秒，将水倒出。
5. 三次预热：加入白米，预热 30 秒，将水倒出。
6. 注入高汤至八分满，略搅拌后焖煮 60 分钟即可食用。

Tips

买绞肉时，建议选购较嫩的部位，并且可请售货员多绞一遍，方便宝宝食用。

卷心菜饭

500ml

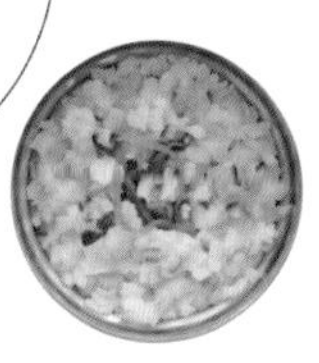

建议食用阶段：1 岁以上

一般的卷心菜饭会加入虾米和其他调料增加香味，但调味过多，反而无法让宝宝吃到食物最原始的味道，不如用简单的食材做一道健康又适合宝宝的菜饭。

材料

蔬菜高汤

卷心菜	70g
香菇	2 小朵
胡萝卜丝	少许
白米	1/2 杯

做法

1. 卷心菜和香菇洗净切丝备用。
2. 预热空罐 1 分钟，将水倒出。
3. 二次预热：加入卷心菜和香菇，预热 30 秒，将水倒出。
4. 三次预热：加入白米与胡萝卜丝，预热 30 秒，将水倒出。
5. 注入高汤至盖过所有食材约 1.5cm 处，略搅拌后焖煮 40 分钟即可食用。

Tips

菜饭不宜焖过久。焖烧罐口径越宽，越有助于菜饭均匀受热。

山药肉丝粥

500ml

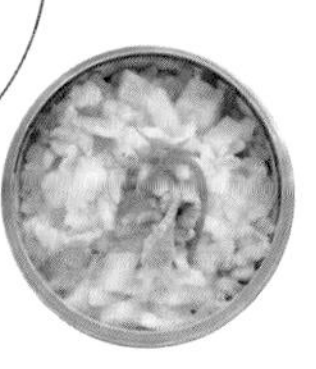

建议食用阶段：1 岁以上

山药是近年来许多妈妈爱用的食补食材。无论是哪种山药，都可做出美味健康的宝宝辅食。

材料

大骨高汤		白米	1/4 杯
山药	60g	酱油	少许
肉丝	30g		

做法

1. 肉丝用少许酱油略腌 10 分钟。
2. 白米洗净，山药削皮切丁备用。
3. 预热空罐 1 分钟，将水倒出。
4. 二次预热：加入肉丝，预热 30 秒，将水倒出。
5. 三次预热：加入山药、白米，预热 30 秒，将水倒出。
6. 注入高汤至八分满，略搅拌后焖煮 60 分钟即可食用。

竹笋粥

500ml

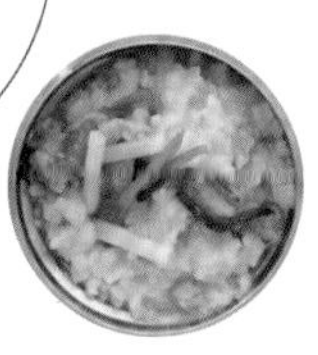

建议食用阶段：1岁以上

竹笋味道鲜美，口感清爽，含有多种营养成分，所含的水分和膳食纤维也能为宝宝的健康加分。

材料

大骨高汤		胡萝卜丝	少许
白米	1/4 杯	绞肉	20g
竹笋	30g	酱油	少许
木耳	10g		

做法

1. 绞肉用少许酱油略腌 10 分钟。
2. 白米洗净，竹笋、木耳洗净切丝备用。
3. 预热空罐 1 分钟，将水倒出。
4. 二次预热：加入竹笋，预热 10 分钟，将水倒出。
5. 三次预热：加入木耳、胡萝卜、绞肉和白米，预热 30 秒，将水倒出。
6. 注入高汤至八分满，略搅拌后焖煮 60 分钟即可食用。

Tips

建议选用新鲜的竹笋，太老的竹笋不易焖熟。

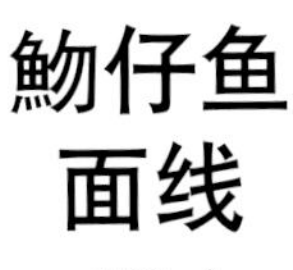

鲂仔鱼面线

500ml

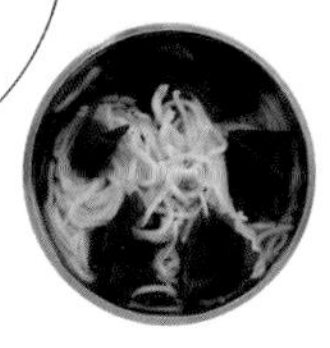

建议食用阶段：10个月以上

鲂仔鱼是宝宝餐碗里的常客，不仅制作简单，还可搭配各种当季食材变化出不同的菜肴，并非只能做鲂仔鱼粥。

材料

蔬菜高汤

面线	30g
鲂仔鱼	30g
（干）海带芽	2g

做法

1. 鲂仔鱼洗净沥干备用，面线折成3～5cm小段。
2. 预热空罐1分钟，将水倒出。
3. 二次预热：加入鲂仔鱼，预热5分钟，将水倒出。
4. 三次预热：加入海带芽和面线，预热30秒，将水倒出。
5. 注入高汤至八分满，略搅拌后焖煮10分钟即可食用。

Tips

建议选用低盐的面线，或者也用较细的面条代替。

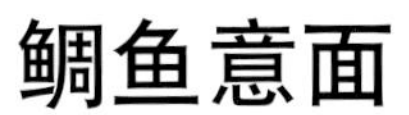

鲷鱼意面

500ml

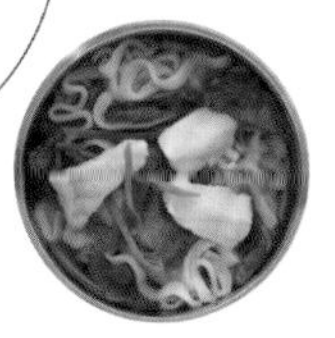

建议食用阶段：11 个月以上

市售的意面大多配以肉臊，比较油腻，并不适合宝宝的肠胃。无论是菜市场还是超市都可以买到意面，爸妈们可以自己焖煮出适合宝宝的营养健康的面食。

材料

大骨高汤	
鲷鱼	70g
意面	25g
小白菜	1 ~ 2 小把
胡萝卜丝	少许

做法

1. 鲷鱼切成小片，小白菜洗净切成小段备用。
2. 预热空罐 1 分钟，将水倒出。
3. 二次预热：加入小白菜和鲷鱼，预热 30 秒，将水倒出。
4. 三次预热：加入意面，预热 30 秒，将水倒出。
5. 注入高汤至八分满，略搅拌后，焖煮 10 分钟即可食用。

Tips

鲷鱼不可切太大片，避免宝宝吃到未焖熟的鱼肉，造成肠胃不适。

Chapter 4

饮料与点心

市售的甜点或饮料大都含有较多的添加剂，甜度也高，

并不适合宝宝的口味，也不利于宝宝健康。

避免太多的市售饼干和糖果

是养成宝宝良好饮食习惯的基础。

在这一章中，有最简单的水果茶饮，

也有夏天的冰凉甜点，

当然也有适合冬天吃的温热甜点，

爸妈们可以自己调整甜度。

THERMOS

西洋梨茶

500ml

建议食用阶段：4 ~ 6 个月

西洋梨可清热去火，非常适合炎热的夏季食用，是可以直接生食的水果。有些宝宝食用生冷的水果时肠胃会比较敏感，可以将新鲜的水果焖煮成水果茶，不仅能让宝宝尝到水果的甜味，还可以减少水果生冷带来的不适。

材料

西洋梨　1 ~ 2 个

做法

1. 西洋梨洗净后去皮去籽，切成小丁备用。
2. 预热空罐 1 分钟，将水倒出。
3. 二次预热：加入西洋梨，预热 30 秒，将水倒出。
4. 加入沸水至七分满，略搅拌后焖煮 30 分钟，即可将汤汁滤出后放凉食用。

Tips

宝宝 9 个月后，可将梨切小丁，焖煮至果肉软烂，让宝宝连同果肉一起食用。

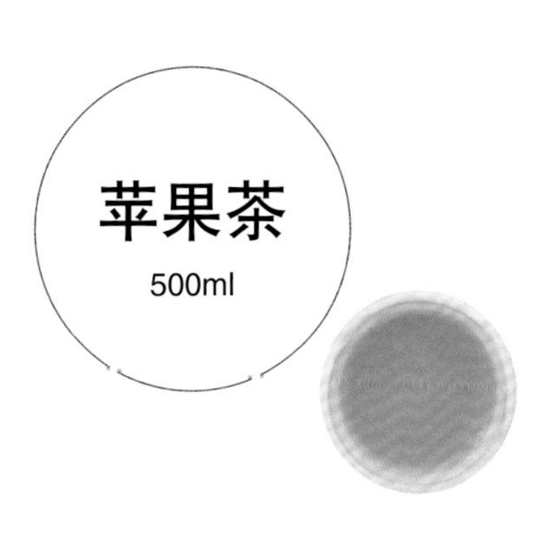

苹果茶

500ml

建议食用阶段：4～6个月

宝宝第一阶段的辅食一般由稀释的果汁开始。带着宝宝出门，稀释果汁可能不方便，爸妈们不如事先准备一罐简单的苹果茶，比市售的罐装宝宝果汁更好。

材料

苹果　约1个

做法

1. 苹果洗净后去皮去籽，切丁备用。
2. 预热空罐1分钟，将水倒出。
3. 二次预热：加入苹果丁，预热30秒，将水倒出。
4. 加入沸水至七分满，略搅拌后焖煮20分钟，将茶水用纱布或筛网滤出后，放凉即可食用。

Tips

宝宝1岁以后，可加上约30g的大麦和苹果一起预热、焖煮，新花样的苹果茶即可上桌。

STATION

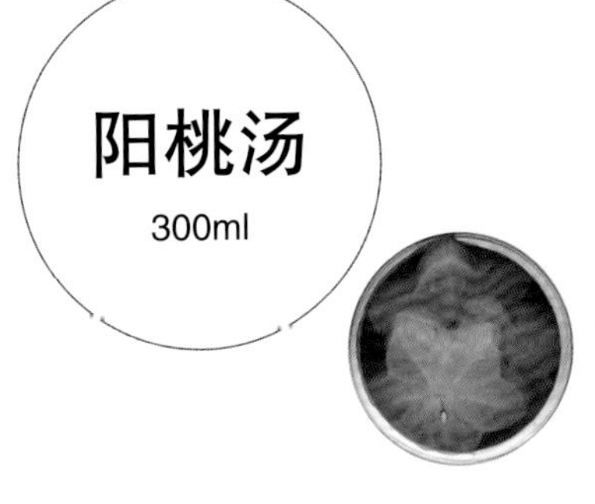

阳桃汤

300ml

建议食用阶段：4 ~ 6 个月

阳桃清凉可口又解渴消暑，而且具有保护喉咙的作用，是宝宝健康饮品的好选择。

材料

阳桃　100g

做法

1. 阳桃洗净后削边，横切成星星状备用。
2. 预热空罐 1 分钟，将水倒出。
3. 二次预热：加入阳桃，预热 30 秒，将水倒出。
4. 加入沸水至八分满，略搅拌后焖煮 30 分钟，即可将汤汁滤出后放凉食用。

Tips

宝宝 1 岁以后，若对柑橘类水果没有过敏反应，可在阳桃汤倒出放凉后，加入数滴新鲜柠檬汁和少许冰糖搅匀，酸酸甜甜的进阶版阳桃汤就完成啦！

THERMOS

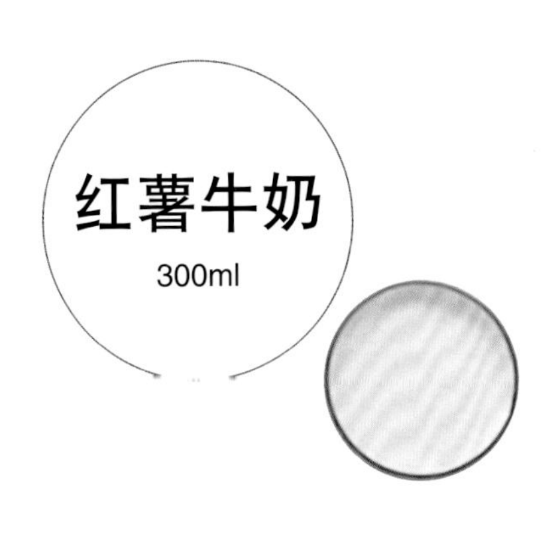

建议食用阶段：7～9个月

开始吃辅食之后，配方奶或母乳还是宝宝的主要营养来源，偶尔用配方奶搭配其他新鲜食材，不仅能提供必要的营养，还能为辅食增添风味。

材料

红薯	约 70g
宝宝配方奶 / 母乳	适量

做法

1. 红薯洗净切成小丁备用。
2. 预热空罐 1 分钟，将水倒出。
3. 二次预热：加入红薯丁，预热 5 分钟，将水倒出。
4. 注入沸水至八分满，略搅拌后焖煮 50 分钟。
5. 取出红薯，加入适量宝宝配方奶或母乳，用食物料理机或果汁机打匀，即可用汤匙喂食。

Hello Kitty
Hello Kitty

菠萝苹果茶

500ml

建议食用阶段：9 个月以上

菠萝可帮助消化，促进食欲，但生食菠萝舌头容易发麻，所以并不适合小宝宝。菠萝经过高温煮成茶水后，即可避免舌头发麻的情况，是适合宝宝的饭后茶饮。

材料

青苹果　1/4 个

红苹果　1/4 个

菠萝块　50g

做法

1. 苹果洗净后去皮去籽，切丁备用。
2. 预热空罐 1 分钟，将水倒出。
3. 二次预热：加入苹果丁与菠萝块，预热 30 秒，将水倒出。
4. 加入沸水至七分满，略搅拌后焖煮 30 分钟，即可将茶水用纱布或筛网滤出后放凉食用。

Tips

宝宝较大之后，可将苹果、菠萝切小丁焖煮至果肉软烂，让宝宝连同果肉一起食用。

Hello Kitty
Hello Kitty
Hello Kitty

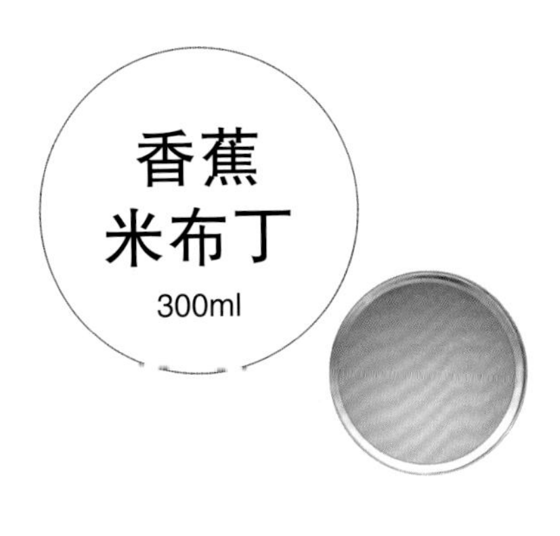

香蕉米布丁

300ml

建议食用阶段：9个月以上

布丁是许多孩子喜欢的零食，白米是米布丁的主要成分，可为宝宝增加饱腹感。市售的布丁不如爸妈们爱心自制的卫生健康，所以还是自己动手吧。

材料

白米	20g
宝宝米粉	适量
香蕉	约 1/3 根

做法

1. 白米洗净。
2. 预热空罐 1 分钟，将水倒出。
3. 二次预热：加入白米，预热 30 秒，将水倒出。
4. 注入沸水 200ml，略搅拌后焖煮 50 分钟。
5. 加入适量宝宝米粉搅匀。
6. 放凉后不加盖，置入冰箱冷藏 3 ~ 6 小时。
7. 香蕉切成合适的大小后，撒在布丁上即可食用。

Tips

1. 米布丁放凉置入冰箱前，也可与香蕉丁搅匀后一并冷藏。
2. 也可以用其他新鲜水果代替香蕉。

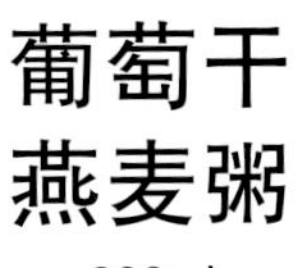

葡萄干燕麦粥

300ml

建议食用阶段：1岁以上

燕麦的营养价值很高，而且料理方便，咸甜皆宜。其膳食纤维还能促进肠胃蠕动，预防便秘。

材料

燕麦片　50g

宝宝奶粉　适量

葡萄干　少许

做法

1. 葡萄干剪成适当大小备用。
2. 预热空罐1分钟，将水倒出。
3. 二次预热：加入燕麦，预热30秒，将水倒出。
4. 注入沸水至八分满，略搅拌后焖煮30分钟。
5. 倒至宝宝碗中，拌入适量宝宝奶粉调成燕麦牛奶，撒上葡萄干后即可食用。

Tips

选购葡萄干时，建议选择安全卫生且质量有保障的品牌，最好是有机葡萄干。

枇杷银耳汤

500ml

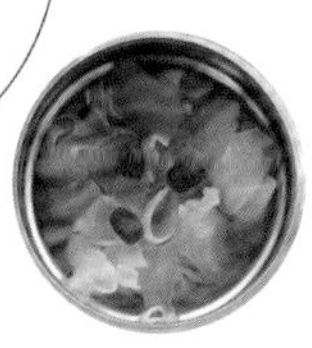

建议食用阶段：1 岁以上

宝宝的气管容易因为外界环境中的过敏原而引发不适，除了平常为宝宝营造适宜的居家环境和日常保健外，偶尔也可用天然的食材煮一道润肺甜品，帮宝宝建立一道健康防线。

材料

枇杷	6 颗	枸杞	少许
银耳	2/3 杯	冰糖	少许

做法

1. 枸杞泡水，冲水搓洗至少 3 次。
2. 银耳泡水约 10 分钟，剪成约 2cm 大小。
3. 枇杷剥皮去核，切小块备用。
4. 预热空罐 1 分钟，将水倒出。
5. 二次预热：加入枇杷、银耳和枸杞，预热 30 秒，将水倒出。
6. 加入沸水至八分满，加入少许冰糖，略搅拌后焖煮 30 分钟即可食用。

Tips

1. 为避免农药残留，建议枸杞泡水并冲水搓洗三次后再使用。
2. 也可以利用食物料理棒打成浓稠甜汤给宝宝食用。

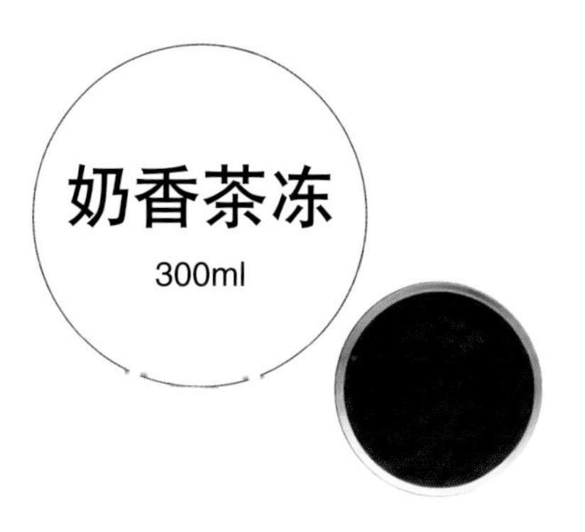

奶香茶冻

300ml

建议食用阶段：10 个月以上

无论是婴儿还是幼儿，都不应该食用含有咖啡因的茶。只有大麦茶是由焙炒过的大麦泡煮而成，不含任何咖啡因，且香味四溢，除了直接泡饮品，也可做成冰凉的茶冻。

材料

琼脂	3g	米粉	少许
大麦茶	20g	冰糖	少许
宝宝配方奶	适量		

奶酱做法

用少许米粉加入宝宝配方奶调成糊状。

做法

1. 大麦茶洗净置入泡茶袋内备用。
2. 预热空罐 1 分钟，将水倒出。
3. 二次预热：加琼脂和大麦茶包，预热 30 秒，将水倒出。
4. 加入 200ml 沸水和少许冰糖，搅拌均匀后旋紧上盖，焖煮 30 分钟。
5. 取出大麦茶包，略放凉后可盛至布丁杯中再置入冰箱冷藏 3 ~ 6 小时。
6. 将完成的奶酱淋上茶冻即可食用。

Tips

取出大麦茶包后，也可不加盖直接将焖烧罐放入冰箱冷藏。

MILK
Hello Kitty
Hello Kitty
THERMOS

紫米牛奶粥

300ml

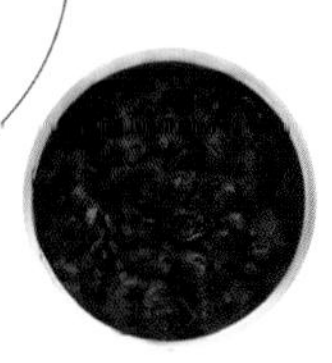

建议食用阶段：1 岁以上

紫米富含铁和膳食纤维，简单的紫米牛奶粥可增加饱腹感。

材料

紫米	1/4 杯
黑糖	适量
宝宝配方奶	适量

做法

1. 紫米洗净备用。
2. 预热空罐 1 分钟，将水倒出。
3. 二次预热：加入紫米，预热 30 秒，将水倒出。
4. 三次预热：加入沸水没过紫米 1cm 处，焖 30 分钟，将水倒出。
5. 注入沸水至八分满，略搅拌后焖煮 5 小时。
6. 倒入碗中，加入适量宝宝配方奶即可食用。

Tips

紫米不一定适合所有宝宝的肠胃，建议先少量食用，再慢慢调整分量。

图书在版编目(CIP)数据

用焖烧罐轻松做辅食 / 致！美好生活促进会著. —
海口：南海出版公司，2016.6
ISBN 978-7-5442-8301-4

Ⅰ. ①用… Ⅱ. ①致… Ⅲ. ①婴幼儿—食谱 Ⅳ. ①TS972.162

中国版本图书馆CIP数据核字(2016)第097601号

著作权合同登记号 图字：30-2016-012
行动小厨房：焖烧罐的副食品指南 ©2015 致！美好生活促进会
中文简体字版 ©2016 新经典文化股份有限公司
由大雁文化事业股份有限公司 启动文化 独家授权出版
商品赞助 皇冠金属（THERMOS膳魔师）

用焖烧罐轻松做辅食
致！美好生活促进会 著

出　　版 南海出版公司 (0898)66568511
　　　　 海口市海秀中路51号星华大厦五楼 邮编 570206
发　　行 新经典发行有限公司
　　　　 电话(010)68423599 邮箱 editor@readinglife.com
经　　销 新华书店

责任编辑 侯明明
特邀编辑 刘洁青
装帧设计 朱 琳
内文制作 博远文化

印　　刷 天津市银博印刷集团有限公司
开　　本 880毫米×1230毫米 1/32
印　　张 4
字　　数 80千
版　　次 2016年6月第1版
印　　次 2016年6月第1次印刷
书　　号 ISBN 978-7-5442-8301-4
定　　价 35.00元

版权所有，侵权必究
如有印装质量问题，请发邮件至 zhiliang@readinglife.com